全国高职高专院校药学类与食品药品类专业"十三五"规划教材配套教材

U0297381

化 工 制 图 技 术 习 题 册

主　　编　朱金艳

副 主 编　刘喜红

编　　者　（以姓氏笔画为序）

朱金艳（天津生物工程职业技术学院）　　　　刘喜红（湖南食品药品职业学院）

杜　静（天津市医疗器械研究所）　　　　　　李　燕（天津生物工程职业技术学院）

郑淑琴（长江职业学院）　　　　　　　　　　黄　潇（江西中医药大学）

鲍　娜（湖南食品药品职业学院）

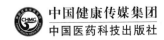

中国健康传媒集团

中国医药科技出版社

目 录
CONTENTS

项目一　设备的认识 …………………………………………………………………………… 1

项目二　识图基础 …………………………………………………………………………… 2

项目三　零件图的绘制与阅读 …………………………………………………………… 53

项目四　化工设备图的绘制与阅读 ……………………………………………………… 55

项目五　工艺流程图的绘制与阅读 ……………………………………………………… 59

项目一 设备的认识

班级：_____ 学号：_____ 姓名：_____

1. 同学们在实训车间观看制药设备实型，了解设备的运行情况。分组指认设备。

图 1-1 初级车间设备

2. 观看多媒体影像资料，了解更多的制药设备。
3. 联系协作企业，参观制药厂，请药厂技术人员讲安全生产常识。
4. 要求同学上网查找典型制药设备及相应的作用（片剂、胶囊、丸剂生产线等）。要求同学上网查找或其他途径收集医药行业安全生产事例。
5. 分组讨论医药生产操作人员应具备的良好习惯、交流安全生产事例。

项目二 识图基础

班级：_____ 学号：_____ 姓名：_____

1. 认识工具，掌握测量方法。

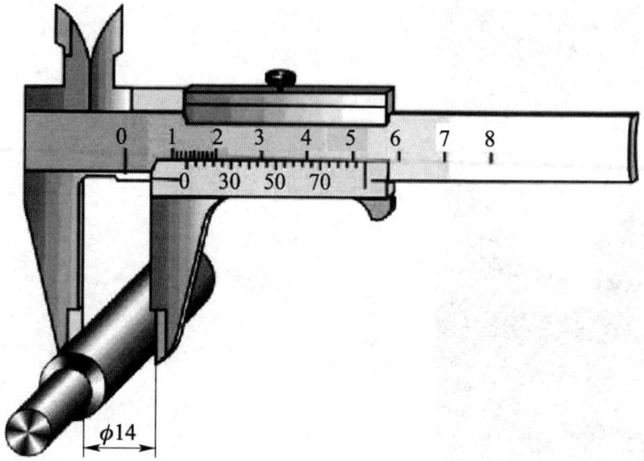

游标卡尺

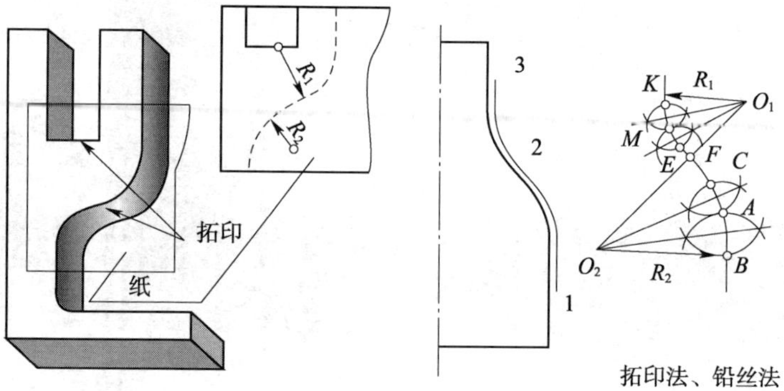

拓印法、铅丝法

千分尺

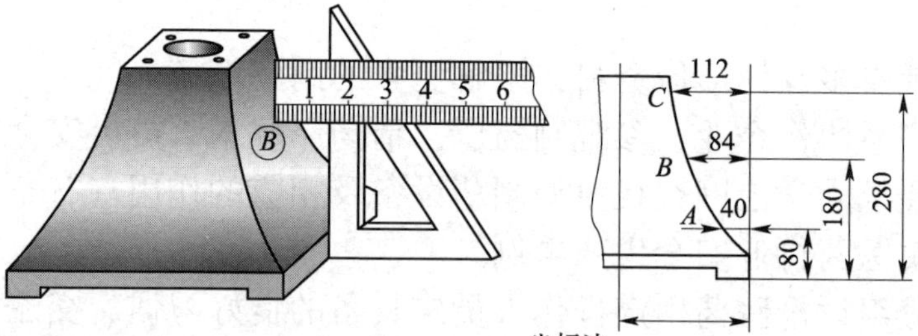

坐标法

项目二　识图基础

2. 字体练习。

| 天 | 津 | 生 | 物 | 工 | 程 | 职 | 业 | 技 | 术 | 学 | 院 | 班 | 级 | 姓 | 名 | | 工 | 程 | 制 | 图 | 标 | 准 | 审 | 核 | 比 | 例 | 组 | 合 | 体 | 线 | 型 | 弧 |

| 釜 | 塔 | 罐 | 炉 | 管 | 槽 | 器 | 床 | 板 | 盖 | 壳 | 封 | 泵 | 阀 | 法 | 兰 | | 座 | 支 | 架 | 套 | 筒 | 罩 | 配 | 零 | 件 | 铸 | 钢 | 螺 | 栓 | 垫 | 圈 | 钩 |

项目二 识图基础

3. 字母及数字书写练习。

ABCDEFGHIJKLMNOPQRSTUVWXYZ   *abcdefghijklmnopqrstuvwxyz*

1234567890   *I II III IV V VI VII VIII IX X*

R25 φ50 2:1 5%

项目二　识图基础

班级：_____　学号：_____　姓名：_____

4. 线形练习，按要求抄画。熟悉圆的六等分，用画圆的半径对圆进行分割刚好六等分。

（1）抄画下列图线，注意区分线条的粗细和长短。	（2）抄画下列图线。
① _____	
② _____	
③ _____	
④ _____	
①	
②	
③	
④	
①	
②	
③	
④	
名称填写：① ____ ② ____ ③ ____ ④ ____	

班级：_____ 学号：_____ 姓名：_____

5. 用 A4 图纸抄画如下图形。

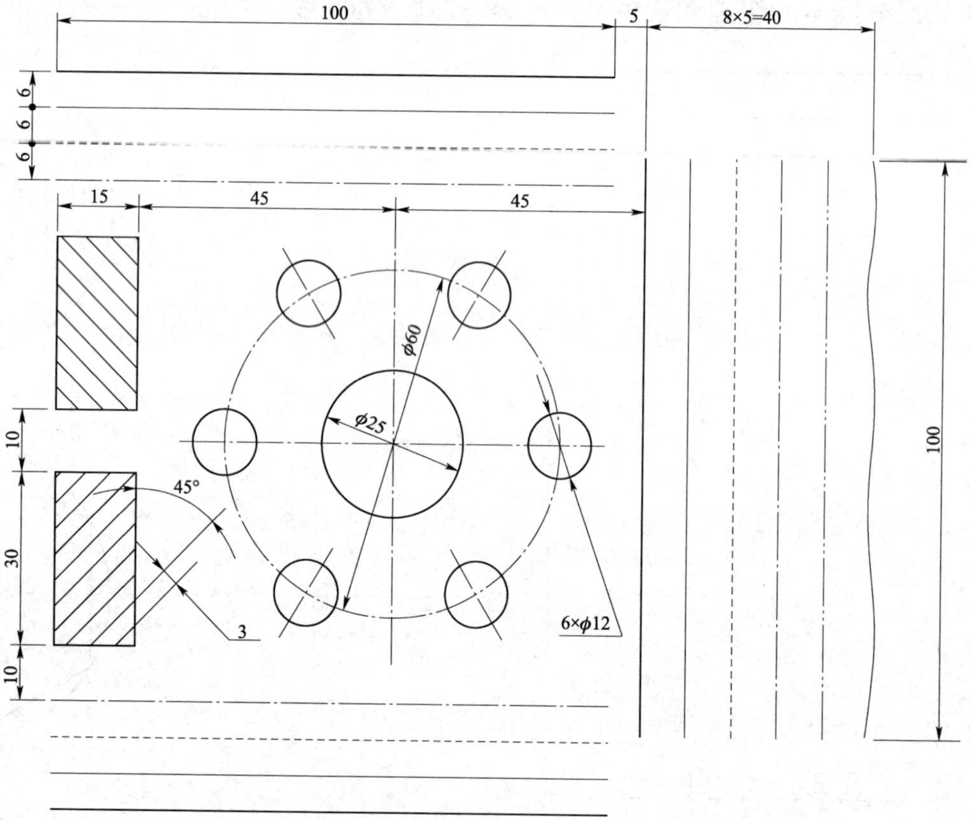

项目二　识图基础

班级：＿＿＿＿＿　学号：＿＿＿＿＿　姓名：＿＿＿＿＿

6. 用 4 号图纸按要求打上边框线、标题栏，计算预留尺寸将右图布置在图纸中间。

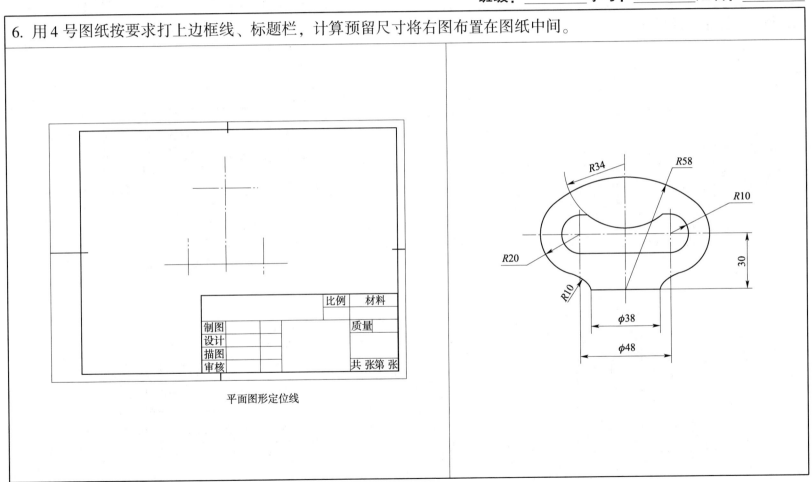

平面图形定位线

7. 找出标注错误的尺寸。

项目二　识图基础

8. 按 1:1 标注尺寸（从图中量取整数）。

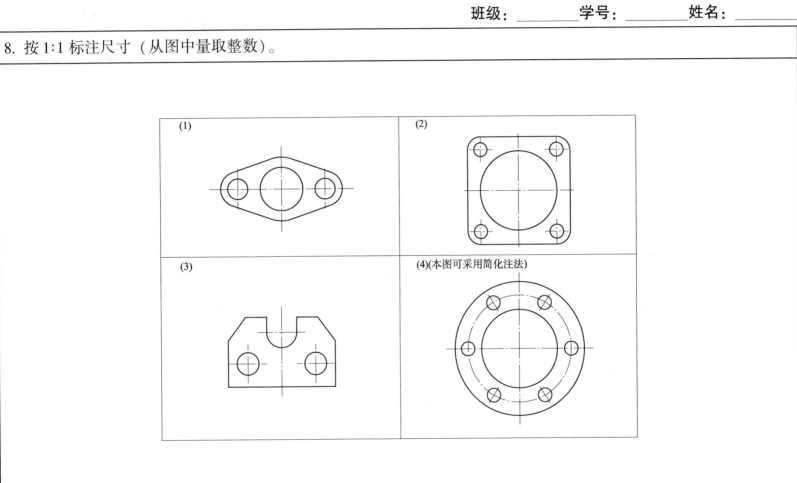

项目二 识图基础

班级：_____ 学号：_____ 姓名：_____

9. 按图样绘制平面图形。

项目二　识图基础

10. 平面图形练习。

项目二　识图基础

11. 按图样绘制平面图形。

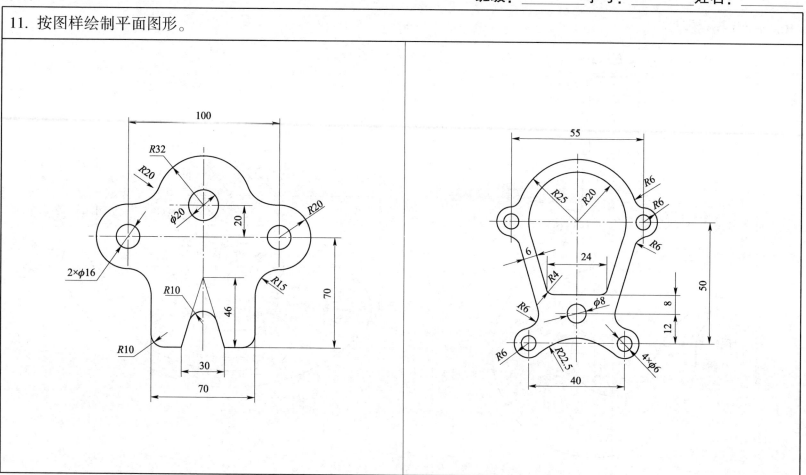

项目二 识图基础

班级：_____ 学号：_____ 姓名：_____

12. 补全视图。

（1）补全左视图。	（2）补全左视图。

项目二　识图基础

（3）参照轴测图，补画形体的第三视图。

①

②

③

④

项目二　识图基础

班级：＿＿＿＿＿＿　学号：＿＿＿＿＿＿　姓名：＿＿＿＿＿＿

（4）根据轴测图，补画视图中所缺的图线。

①

②

③

④

项目二 识图基础

（5）补画截切线。

项目二 识图基础

（6）补画遗漏线条。

（7）补画不完整几何体的第三视图。

① （1/4 圆柱）	② （1/2 圆球）	③ （1/4 圆棱台）
④ （1/4 圆台）	⑤ （1/2 圆台）	⑥ （1/2 圆柱）

项目二　识图基础

班级：_____　学号：_____　姓名：_____

（8）已知几何体表面上点的一面，投影求做其他两面投影。

①

②

③

④

项目二 识图基础

班级：_____ 学号：_____ 姓名：_____

（9）根据木模画三视图。

a)木模1

b)木模2

c)木模3

d)木模4

e)木模5

项目二　识图基础

班级：_____　　学号：_____　　姓名：_____

（10）根据木模画三视图。	（11）补画截切线。

项目二 识图基础

（12）根据主、俯视图完成左视图。

项目二　识图基础

班级：_____　学号：_____　姓名：_____

（13）根据主、俯视图完成左视图。	（14）补全截切线。

班级：_____　学号：_____　姓名：_____

（15）补画左视图。

项目二　识图基础

（16）圆柱与圆柱相贯，求其相贯线。	（17）补全相贯线。

班级：_____　学号：_____　姓名：_____

（18）完成三视图，注意相贯线的画法。

（19）完成三视图，注意相贯线的画法。

项目二 识图基础

班级：_____ 学号：_____ 姓名：_____

（20）标注轴承座的尺寸。

（21）鉴别好坏。应尽量标注在视图外面，以免尺寸线、尺寸数字与视图的轮廓线相交。抄画图②，量取并标注尺寸。

①

②

项目二　识图基础

班级：＿＿＿＿＿　学号：＿＿＿＿＿　姓名：＿＿＿＿＿

（22）鉴别好坏。同心圆柱的直径尺寸，最好注在非圆的视图上。抄画图②，量取并标注尺寸。

①

4×φ

不好

②

4×φ

好

（23）鉴别好坏。相互平行的尺寸，应按大小顺序排列，小尺寸在内，大尺寸在外。抄画图②，量取并标注尺寸。

①

R

不好

②

R

好

— 28 —

项目二　识图基础

（24）根据立体图画三视图。

①

②

③

④

班级：　　　　　　学号：　　　　　　姓名：

⑤

项目二 识图基础

班级：_____ 学号：_____ 姓名：_____

13. 根据图 a）正投影图画出正等测图（根据三视图分析图形的立体结构，因为它是在矩形体上切割而得，于是先画出矩形体再按尺寸进行切割）。

(1)建立轴系统，将A、B、C 3个尺寸，按照在平面图中互相平行的线段，在轴测图中也平行的规律，画出矩型，如图b)。

(2)在上面量取尺寸进行切割，如图c)、d)。

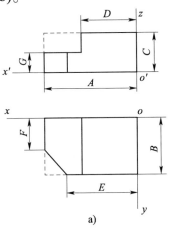

a)

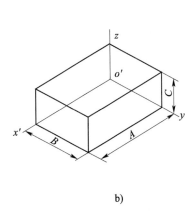

b)

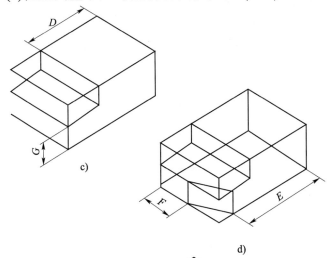

c)

d)

当A=50,B=35,C=16,D=25,E=45,F=16,G=8,画出主俯视图及正等测图，如图e)。

e)

班级：_____　学号：_____　姓名：_____

14. 描画六棱柱。

分析：六棱柱是在圆上六等分绘制出来的，具有对称性，所以把 o 点建立在中心比较方便。当 $D=50$，$H=15$ 时画出主俯视图及轴测图。

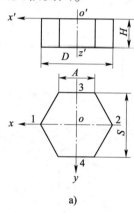

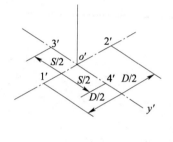

a)

b)

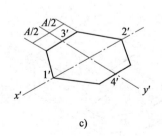

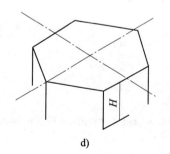

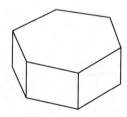

c)

d)

项目二　识图基础

班级：_____　学号：_____　姓名：_____

15. 根据平面图画出轴测图。	

项目二 识图基础

16. 根据平面图画出轴测图。

(1)

(2)

项目二　识图基础

班级：_____　学号：_____　姓名：_____

17. 根据 B 管的实际情况思考平面图（主视图、俯视图）的画法、轴测图的画法，你的画法与下图一样吗？	18. 根据管路的平面图绘出轴测图。
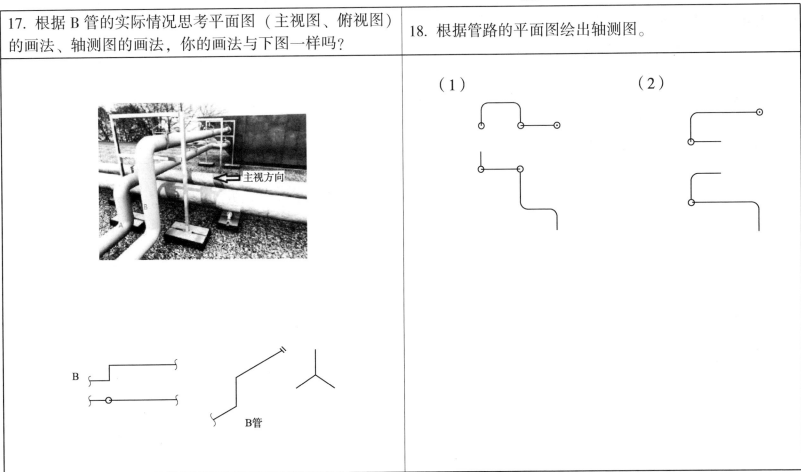	（1）　　　　　　　　　（2）

19. 你能读懂下页图吗？写出各个设备的连接情况。

（1）来自四车间的 W1101 管直径是_____，壁厚_____，经过_____动设备到达冷却塔，最终的产品去_____。

（2）根据轴测图你明白了 6 个设备在平面图中是怎样放置的？画出示意图。

（3）哪几条线表示墙体？（标在图上）

（4）粗实线表示主要流程。用笔加深。

项目二 识图基础

乙炔净化车间的轴测图

项目二　识图基础

20. 根据平面图绘出轴斜二测图。	21. 根据平面图绘出斜二轴测图。

项目二 识图基础

班级： _____ 学号： _____ 姓名： _____

22. 用正等测、斜二测两种方法绘制轴测图，并进行比较看哪种方法更方便，哪种方法更形象。

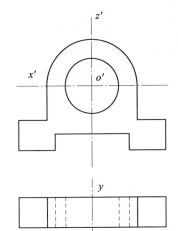

23. 绘制基本视图。

班级：_____ 学号：_____ 姓名：_____

24. 按要求画出各向视图。

班级：_____　学号：_____　姓名：_____

25. 画出斜视图。

（1）

（2）

26. 改画成全剖视图。

班级：_____　学号：_____　姓名：_____

27. 画出全剖的主视图，高度从轴测图中大约量数。

（1）

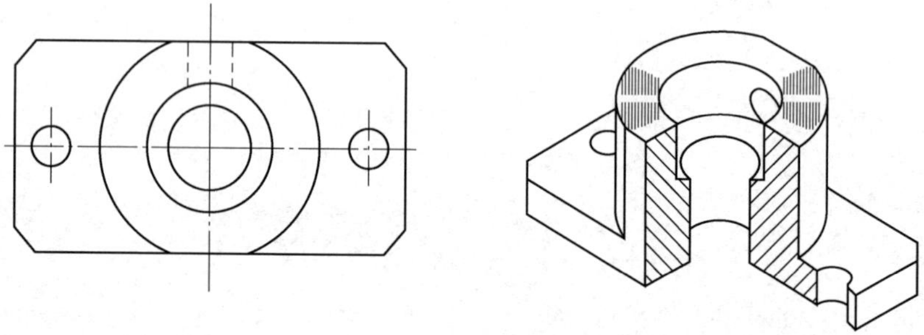

（2）

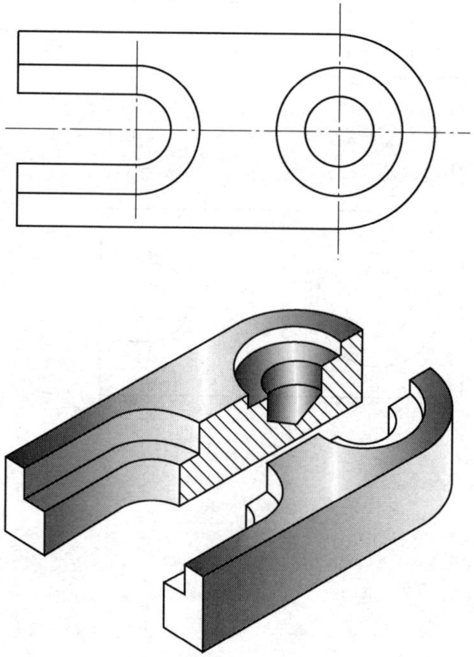

28. 改画成半剖视图。

班级：＿＿＿＿＿   学号：＿＿＿＿＿   姓名：＿＿＿＿＿

29. 根据主、俯视图画出主视图为半剖的一组视图。

（1）

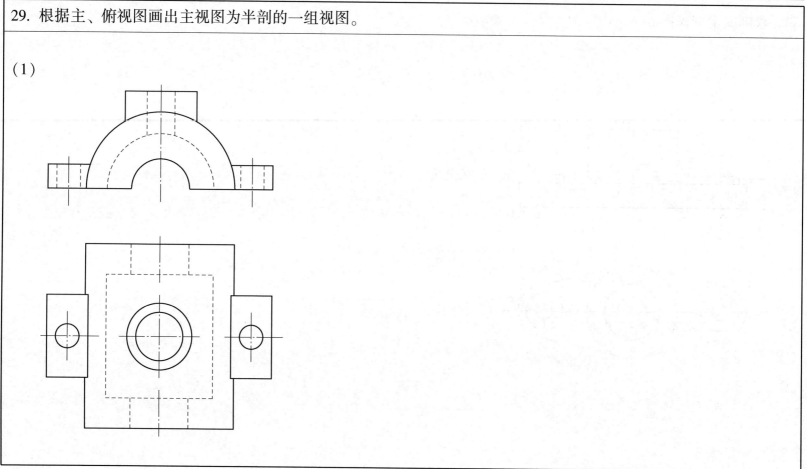

班级：_____　学号：_____　姓名：_____

（2）

30. 改画成阶梯剖视图。

项目二　识图基础

班级：_____　学号：_____　姓名：_____

31. 练习局剖。

（1）在主视图中将一个孔局剖。

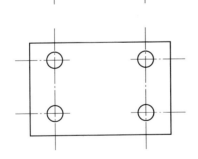

（2）将轴上的回转体锥孔用局剖表示。

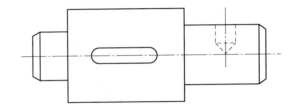

班级：_____　　学号：_____　　姓名：_____

32. 在适当的部位作局部剖视（多余的线画×）。

（1）

（2）

（3）

项目二 识图基础

33. 根据图上要求，画出移出的剖面。

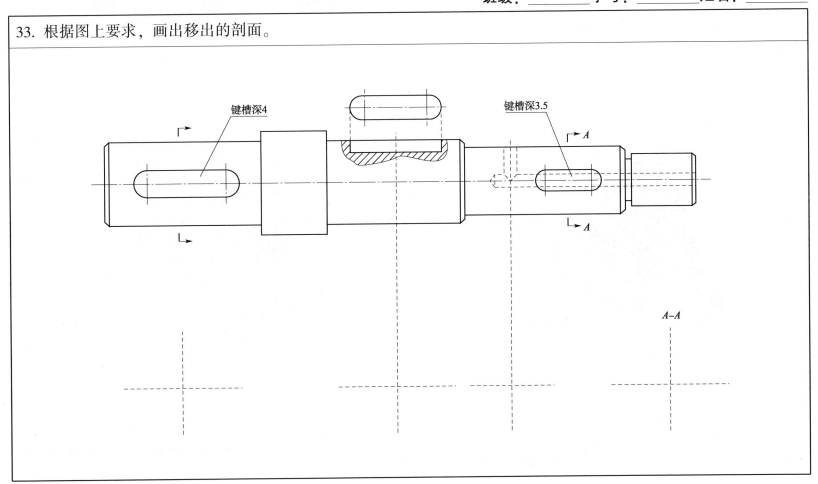

键槽深4

键槽深3.5

A

A

A—A

34. 综合以上所学内容用适当的方式绘制零件的三视图。

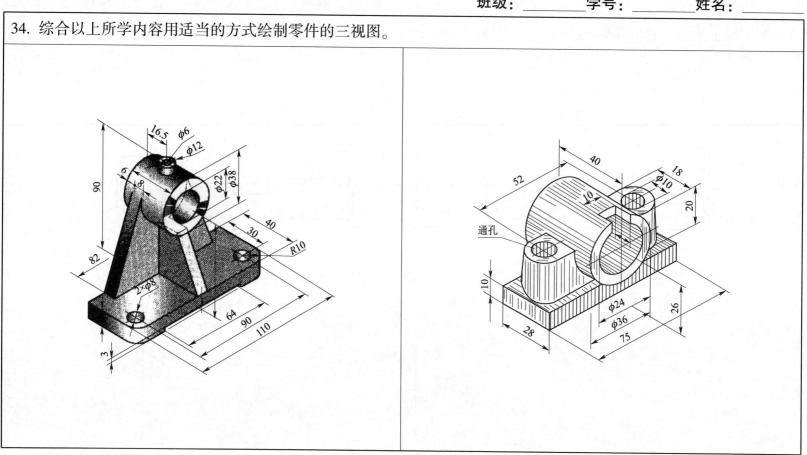

35. 用实际木模测量尺寸，用适当的方式绘制木模的三视图。

项目三 零件图的绘制与阅读

班级：_____ 学号：_____ 姓名：_____

1. 将文字说明的含义用形位公差代号标注在图上。

（1）被测要素是 $\phi40g7$ 的轴线，测量项目是同轴度，测量公差为 $\phi0.05$，测量基准是 $\phi20H7$ 的轴线。

（2）被测要素是右端面，测量项目是垂直度，测量公差为 0.15，测量基准是 $\phi20H7$ 的轴线。

（3）被测要素是 $\phi40g7$ 的表面，测量项目是圆柱度，测量公差为 0.03。

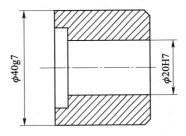

班级：_____　学号：_____　姓名：_____

2. 看懂零件图，想象该零件的结构形状，完成下列填空题。

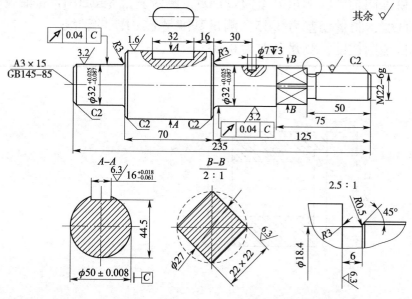

其余 ✓

技术要求
1.除螺纹表面外其他部位表面均为45～50HRC。
2.表面处理：发兰。

（1）该零件图采用的表达方法有_____、_____、_____、_____。

（2）靠右侧的两处斜交细实线是符号_____。

（3）键槽的定位尺寸是_____；长度是_____；宽度是_____；深度是_____。

（4）说明尺寸 C2 中 C 表示_____；2 表示_____；φ7 表示_____。

项目四 化工设备图的绘制与阅读

班级：＿＿＿＿＿＿ 学号：＿＿＿＿＿＿ 姓名：＿＿＿＿＿＿

1. 绘制图 4 - 1。

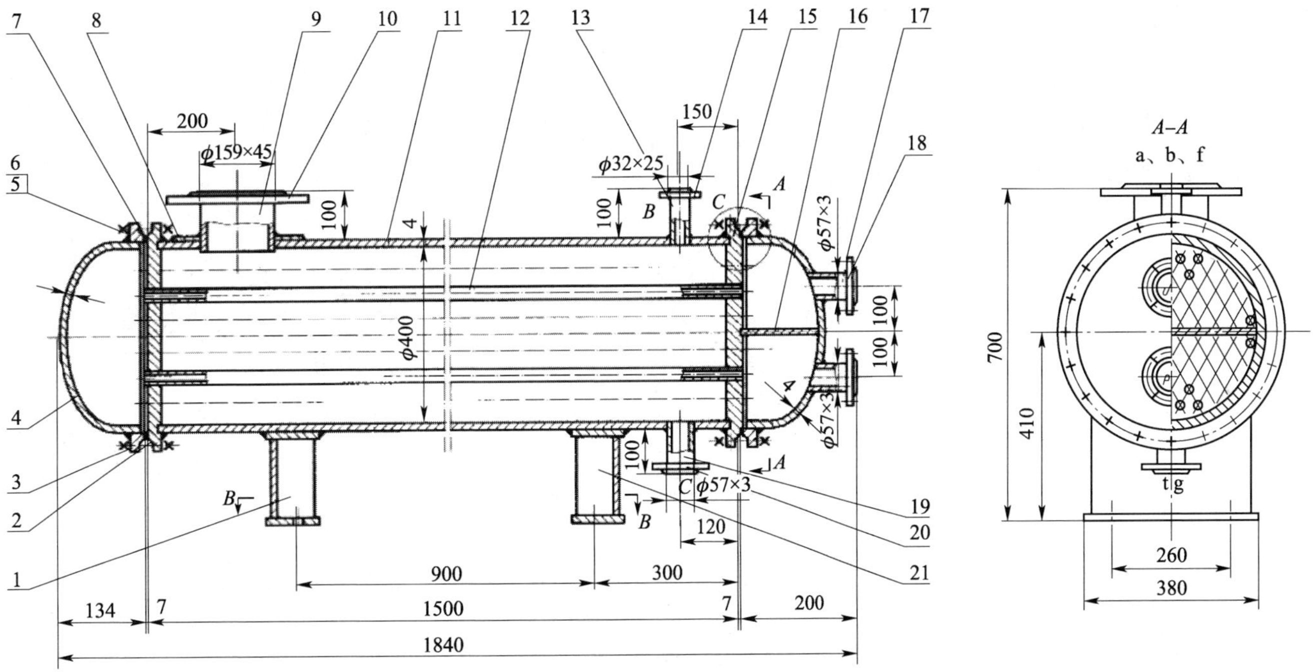

图 4 - 1 冷凝器

项目四 化工设备图的绘制与阅读

班级：_____ 学号：_____ 姓名：_____

2. 绘制图 4 - 2。

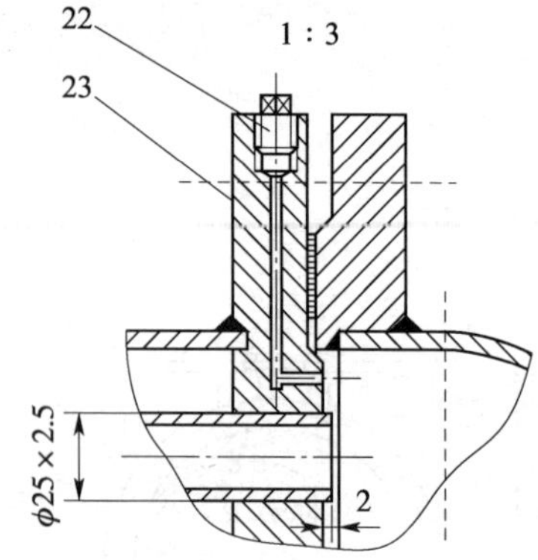

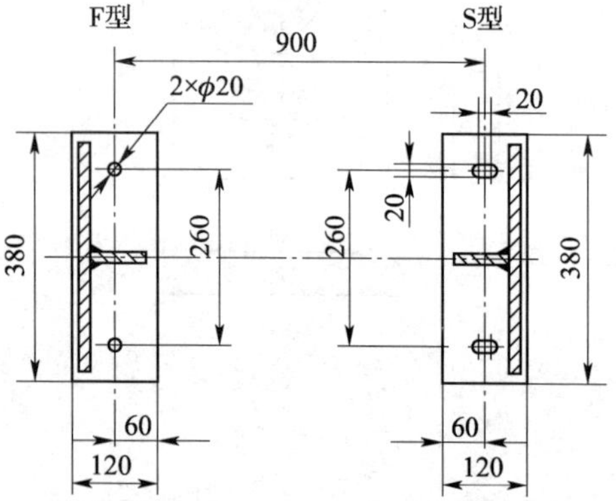

技术要求

1.本设备按JB/T 1147《钢制列管式换热器技术条件》和J B/T 741《钢制焊接容器技术条件》进行制造、试验和验收。

2.本设备全部采用电焊，焊条型号为E4303。

3.焊接接头型式按GB/T 985规定，对接接头采用V型，T型接头用用△型，法兰焊接按相应标准。

4.设备制成后，管间以0.2MPa水压试验后，再以0.1MPa进行气密试验；管内以0.45MPa水压试验。

5.设备外表面涂漆。

技术特性表

内容	管内	管间
工作压力/MPa	0.3	0.15
设计温度/℃	20	55
物料名称	水	料气
换热面积/m²		17

管口表

符号	公称尺寸	连接尺寸，标准	连接面形式	用途或名称
a	150	JB/T 4737—1995	平面	料气入口
b	25	JB/T 81—1994	平面	放空口
c		G1/4	螺纹	排气孔
d	50	JB/T 81—1994	平面	出水口
e	50	JB/T 81—1994	平面	进水口
f		G1/4	螺纹	放水口
g	50	JB/T 81—1994	平面	冷凝液出口

设备总质量：850kg

23	JB/T 4704	垫片400-1.6	1	橡胶石棉板	
22		管堵G1/4	2	Q235-A	
21	JB/T 4712	鞍座B I 400-F	1	Q235-A·F	
20	JB/T 81	法兰50-1.6	1	Q235-A	
19		接管φ57×3	1	10	l=110
18	JB/T 81	法兰50-1.6	2	Q235-A	
17		接管φ57×3	2	10	l=120
16		隔板	1	Q235-A	l=6
15		管板	1	Q235-A	l=22
14	JB/T 81	法兰25-1.6	1	Q235-A	
13		接管φ32×2.5	1	10	l=110
12		接管φ25×2.5	98	10	l=1510
11		筒体DN400×4	1	Q235-A	H=1465
10	JB/T 81	法兰150-1.6	1	Q235-A	
9		接管φ159×4.5	1	10	l=120
8	JB/T 4736	补强圆 d_m 150×4-C	1	Q235-A	
7	JB/T 4704	垫片400-1.6	1	橡胶石棉板	
6	GB/T 41	螺母M16	40		
5	GB/T 5780	螺栓M16×60	40		
4	JB/T 4737	椭圆封头DN400×4	2	Q235-A	
3	JB/T 4701	法兰P II 400-1.6	2	Q235-A	
2		管板	1	Q235-A	l=22
1	JB/T 4712	鞍座B I 400-S	1	Q235-A·F	
序号	代号	名称	数量	材料	备注

比例		材料	
	1：10		
制图			质量
设计		冷凝器	
描图		f=17m²	
审核			共 张 第 张

图 4 - 2 冷凝器装配图

项目四　化工设备图的绘制与阅读

3. 读设备图 4 – 3 回答下列问题。

（1）本设备的名称是_____，规格为_____。

（2）贮罐共有零部件_____种，其中有_____种标准零部件，管口有_____个。

（3）图中采用了_____个基本视图。一个是_____图，该图采用了_____剖视和_____表达方法。

（4）贮罐的简体与封头的连接是_____连接，与管子的连接是_____连接。

（5）A – A 剖视图表达了_____型和_____型鞍式支座，其_____结构不同，是因为_____。

（6）物料由管口_____进入贮罐，由管口_____排出。贮罐工作压力为_____。

（7）贮罐总高尺寸为_____。1200 属于_____尺寸，500 属于_____尺寸，ϕ1400 属于_____尺寸（见后面尺寸的分类）。

（8）贮罐的简体材料采用_____，接管材料采用_____。

（9）人孔的作用是_____。

项目四　化工设备图的绘制与阅读

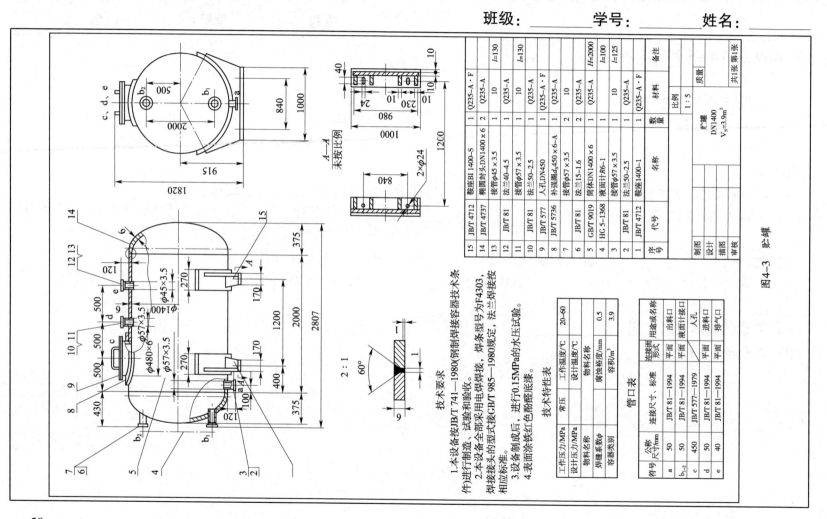

图 4-3　贮罐

项目五　工艺流程图的绘制与阅读

班级：_____学号：_____姓名：_____

---

1. 读懂工艺流程图 5-1。

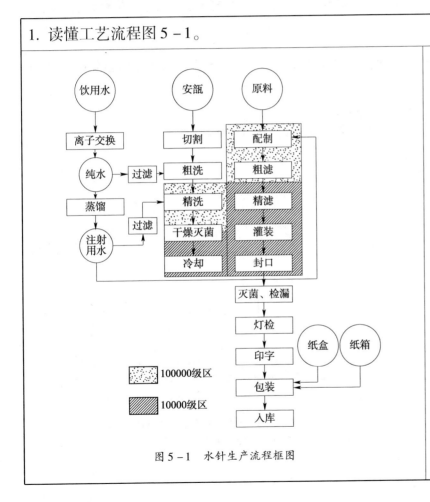

图 5-1　水针生产流程框图

（1）阅读水针生产流程框图（图 5-1）。

（2）简述水针生产过程。

（3）利用网络或其他方法寻找一个药品生产的工艺流程框图。

（4）按压片工艺流程对照实训车间二楼压片生产线，观看生产设备。

项目五 工艺流程图的绘制与阅读

班级：_____ 学号：_____ 姓名：_____

2. 读懂工艺流程图 5-2、5-3。

（1）活动通过网络、图书馆等媒体自行查找资料，自行选择一种化工或制药产品，抄绘该产品生产过程的方案流程图，并完成方案流程图的阅读。

（2）分组阅读方案流程图。方案流程图可以从以下几个方面来进行阅读。

①从标题栏可以了解流程图的图名、图号、设计阶段、签名等（没有标题栏时，第①项内容可不用考虑)；

②从设备位号的标注可以了解所用设备的位号、名称及数量；

③从流程图中还可以看到各物料的来龙去脉。

（3）阅读以下方案流程图并叙述从原料到产品的过程。

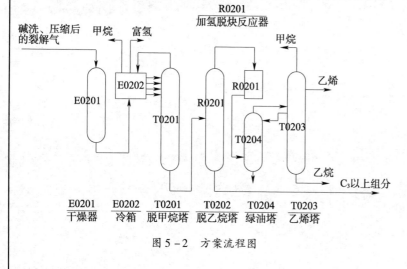

图 5-2 方案流程图

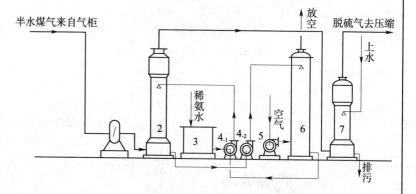

图 5-3 脱硫系统工艺方案流程图

1. 罗茨鼓风机；2. 脱硫塔；3. 氨水槽；4_{-1}、4_{-2}. 氨水塔；5. 空气鼓风机；6. 再生塔；7. 除尘塔

项目五 工艺流程图的绘制与阅读

班级：_____ 学号：_____ 姓名：_____

3. 读懂工艺流程图 5 - 4。

阅读工艺管道及仪表流程图的目的是了解和掌握物料的工艺流程，设备的数量、名称和位号，管道的编号和规格，门及仪表控制点的部位和名称等，以便在管道安装和工艺操作中，做到心中有数，为选用、设计、制造各种设备提供工艺条件，为管道安装提供方便。以图 5 - 4 为例。

（1）了解设备的数量和名称、位号。天然气脱硫系统的工艺设备共有 9 台。其中有相同型号的罗茨鼓风机 2 台（C0701A、C0701B），1 个脱硫塔（T0701），1 台氨水贮罐（V0701），2 台氨水泵（P0701、P0702），1 台空气鼓风机（C0702），1 个再生塔（T0702），1 个除尘塔（T0703）。

（2）了解主要物料的工艺过程。从天然气配气站来的原料（天然气），经罗茨鼓风机（C0701A、C0701B）从脱硫塔底部进入，在塔内与氨水气液两相逆流接触，其天然气中有害物质硫化氢，经过化学吸收过程，被氨水吸收脱除。然后进入除尘塔（T0703），在塔中经水洗除尘后，由塔顶馏出，脱硫气送造气工段使用。

（3）了解动力或其他物料的工艺流程。由硫化工段来的稀氨水进入氨水贮罐（V0701），由贫氨水泵（P0701）抽出后，从脱硫塔（T0701）上部打入。从脱硫塔底部出来的拔氨水，经富氨水泵（P0702）抽出，打入再生塔（T0702），在塔中与新鲜空气逆流接触，空气吸收废氨水中的硫化氢后，余下的酸性气去硫磺回收工段。从再生塔底部出来的再生氨水，由贫氨水泵（P0701）打入脱硫塔，循环使用。

罗茨鼓风机为 2 台并联（工作时一台备用），它是整个系统天然气的动力。空气鼓风机的作用是从再生塔下部送入新鲜空气，将稀氨水里的含硫气体送出去，通过管道将酸性气体送到硫磺回收工段。由自来水总管提供除尘水源，从除尘塔上部进入塔中。

（4）了解阀门及仪表控制点的情况。在 2 台罗茨鼓风机的出口、2 台氨水泵的出口和除尘塔下部物料入口外侧，共有 5 个就地安装的压力指标仪表。在天然气原料线、再生塔底出口和除尘塔下部物料入口处，共有 3 个取样分析点。

脱硫系统整个管段上均装有阀门，对物料进行控制。有 7 个截止阀、7 个闸阀和 2 个止回阀。止回方向是有氨水泵打出，不可逆向回流，以保证安全生产。

班级：________ 学号：________ 姓名：________

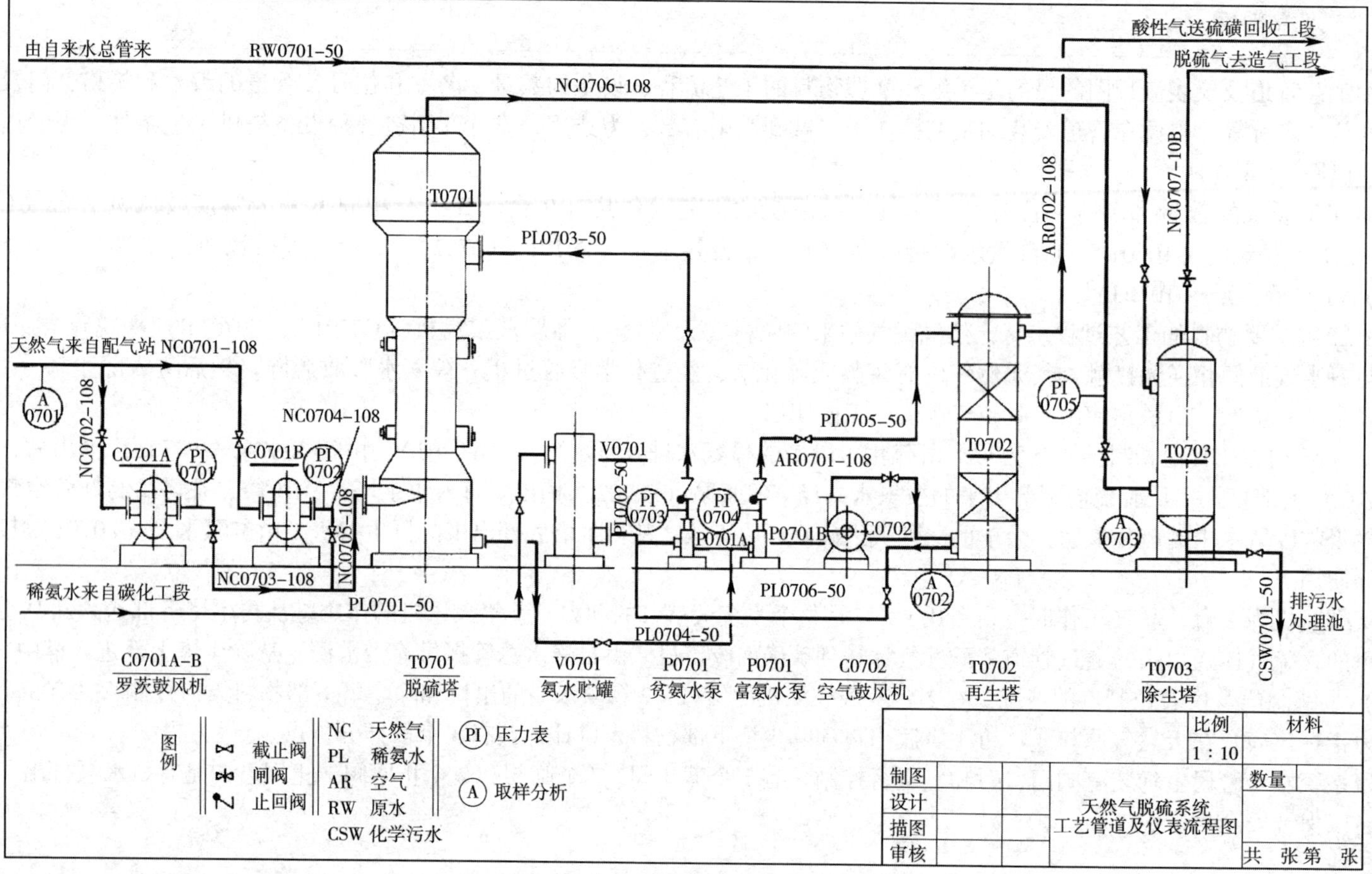

图 5-4　天然气脱硫系统

项目五　工艺流程图的绘制与阅读

班级：_____　学号：_____　姓名：_____

4. 阅读岗位管道及仪表流程图（图 5 - 5），并回答问题。

（1）阅读标题栏及图例，从中了解图样名称和图形符号、代号等的意义。看图中设备，了解设备名称、位号及数量，大致了解设备的用途。

（2）设备位号 V0301 的名称为_____，V0302 的名称为_____，V0303 的名称为_____，R0301 的名称为_____，该流程有静设备_____台，动设备_____台，E0301 的名称为_____。

（3）通过该流程图，了解主物料介质的流向。浓酸与来自_____的软水在_____中混合，并利用_____冷却得到稀释后的稀酸去_____。浓酸来自_____，软水由室外来的蒸汽经_____冷凝成软水进入_____。

（4）了解阀门、仪表控制点的情况。

各段管道上都装有阀门，它们是_____阀，共有_____个。

班级：________学号：________姓名：________

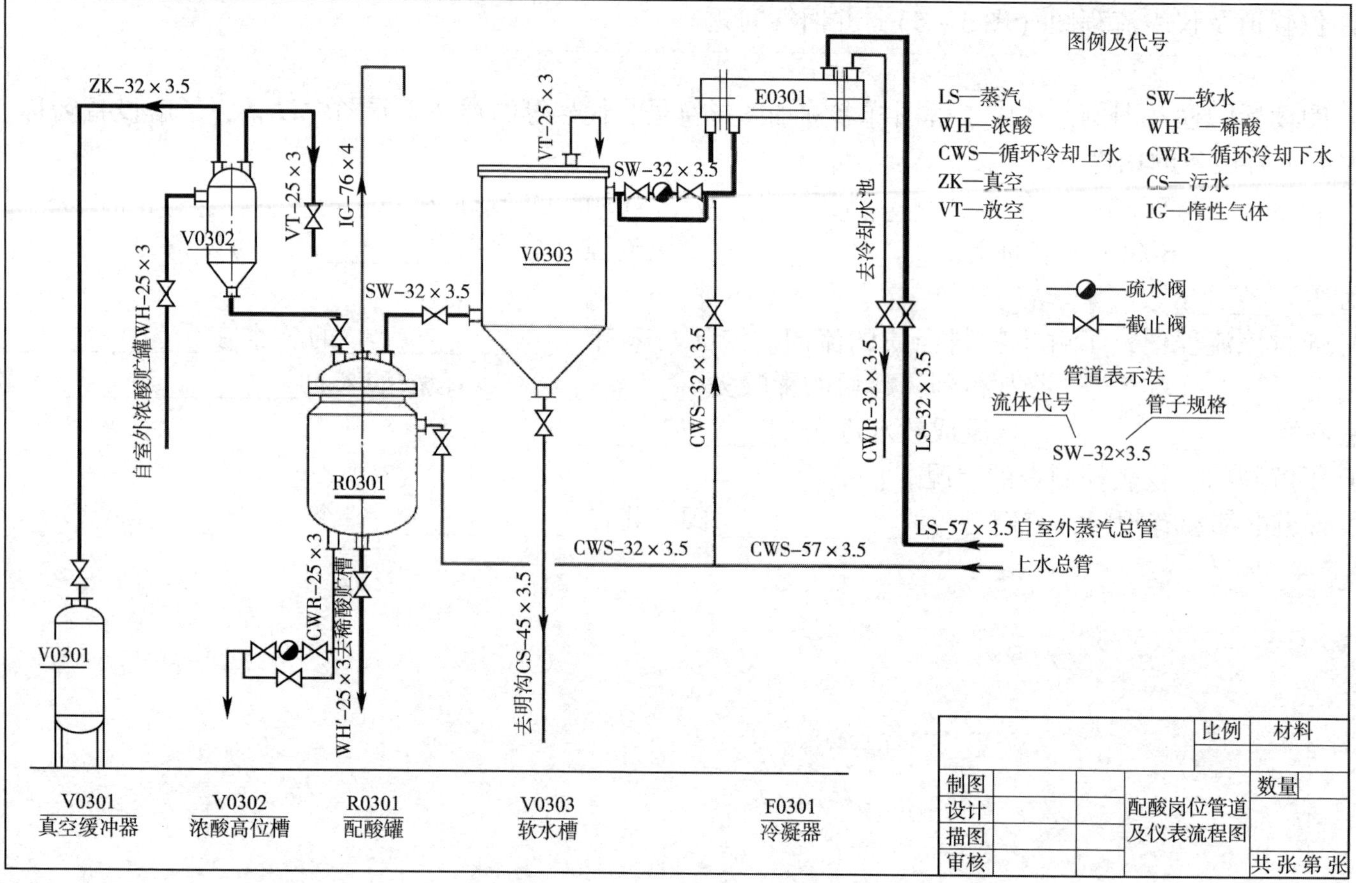

图5-5　岗位管道及仪表流程图

项目五　工艺流程图的绘制与阅读

班级：_____ 学号：_____ 姓名：_____

5. 读工艺流程图（图 5 - 6）回答问题。

（1）看图中的设备，了解设备名称、位号及数量，大致了解设备的用途。

该工段共有设备_____台，自左到右分别为_____、_____、_____、_____，其中静设备_____台，动设备_____台。

（2）阅读流程图，了解主物料介质流向。

其主流程是，原料油与介质_____在_____设备内混合搅拌后，去圆筒炉加热。混合前，原料在_____设备与_____油通过热量交换进行预热。对影响润滑油使用性能的轻质组分，在塔顶通过设备抽入集油槽进行回收。

（3）看其他介质流程线，了解各种介质与主物料如何接触和分离。

白土与润滑油混合后，吸附了润滑油原料中的机械杂质、胶质、沥青质等，再通过_____设备进行分离。

（4）看动力系统流程，了解蒸汽、水、电的用途。

精馏塔底吹入_____介质，有利携带轻质馏分到塔顶进入冷凝器_____，循环冷却水来自_____，然后分为_____路，其中一路去_____设备进行喷淋，另一路经过_____设备后去_____塔。

（5）看仪表控制系统，了解各种仪表安装位置以及测量和控制参量。

在往复泵出口，就地安装有_____仪表，在离心泵出口，就地安装有_____仪表。原料油与白土混合后，在_____设备内部和出口，通过仪表测量并控制其_____参量。

班级：________ 学号：________ 姓名：________

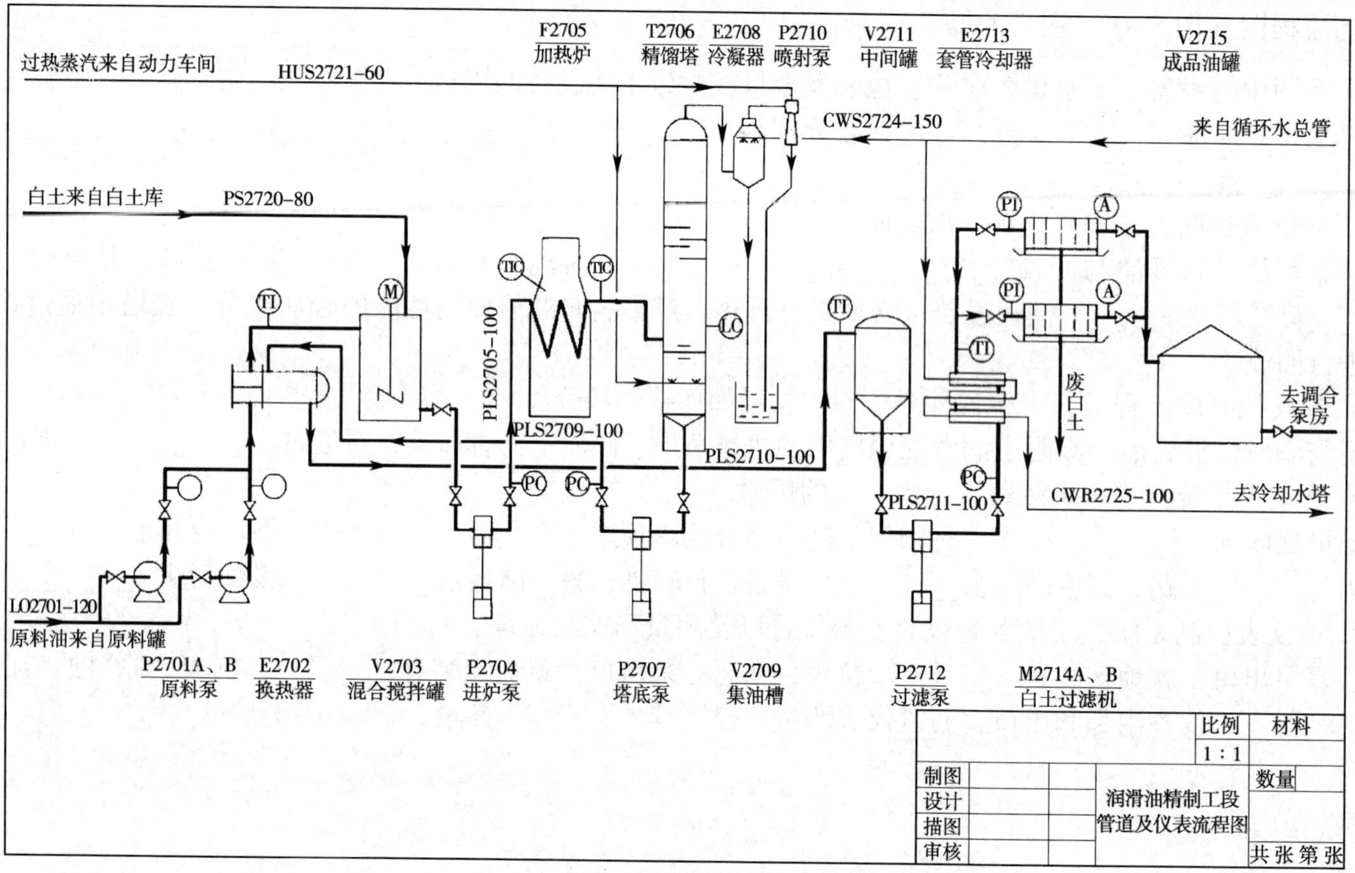

图 5-6 工艺流程图

6. 抄画设备外形图。

（1）

（2）

QHS

IOI